AF614650

ISBN 978-3-662-23417-4 ISBN 978-3-662-25469-1 (eBook)
DOI 10.1007/978-3-662-25469-1

Die in den Sitzungsberichten Abtlg. I und Abtlg. II der math.-nat. Klasse der Österr. Ak. d. Wiss. erscheinenden Abhandlungen werden auch einzeln abgegeben. Sie können durch jede Buchhandlung oder direkt durch die Auslieferungsstelle der Österreichischen Akademie der Wissenschaften (1010 Wien, Mölkerbastei 5) bezogen werden.

Nachfolgende Abhandlungen aus den Fächern **Geologie, Mineralogie** und **Geographie** sind erschienen:

1962 (S I Bd. 171):

Hanselmayer Josef, Beiträge zur Sedimentpetrographie der Grazer Umgebung XVII. Fund eines Lazulith-Quarzfels-Gerölles im Würmglazialschotter von Graz (Don Bosko) (mit 4 Abbildungen auf 1 Tafel). 171 – 1. S 9.–

Hanselmayer Josef, Beiträge zur Sedimentpetrographie der Grazer Umgebung XVIII. Erster Einblick in die petrographische Zusammensetzung steirischer Würmglazialschotter (speziell Schottergrube Don Bosko, Graz) (mit 4 Abbildungen auf 2 Tafeln). 171 – 3. S 47.–

Kaumanns M., Zur Stratigraphie und Tektonik der Gosauschichten. II. Die Gosauschichten des Kainachbeckens (mit 8 Abbildungen und 3 Tafeln). 171 – 17. S 50.–

Kristan-Tollmann Edith und Tollmann Alexander, Die Mürzalpendecke – eine neue hochalpine Großeinheit der östlichen Kalkalpen (mit 1 Abbildung). 171 – 2. S 37.–

Schoklitsch Karl, Untersuchungen an Schwermineralspektren und Kornverteilungen von quartären und jungtertiären Sedimenten des Oberpullendorfer Beckens (Landseer Bucht) im mittleren Burgenland. 171 – 4. S 124.–

Tollmann Alexander, Die Frankenfelser Deckschollenklippe der Grestener Klippenzone als Typus tektonischer Deckschollenklippen. 171 – 6. S 12.–

Winkler-Hermaden Arthur, Die jüngsttertiäre (sarmatisch-pannonisch-höherpliozäne) Auffüllung des Pullendorfer Beckens (= Landseer Bucht E. Sueß') im mittleren Burgenland und der pliozäne Basaltvulkanismus am Pauliberg und bei Oberpullendorf – Stoob (mit 5 Textabbildungen, 5 Tafeln mit je zwei Lichtbildern in Schwarzdruck und 3 Tafeln in Farbdruck). 171 – 5. S 84.–

1963 (S I Bd. 172):

Hanselmayer Josef, Beiträge zur Sedimentpetrographie der Grazer Umgebung XXI. Erstmalige Funde von Amphiboliten im Pannonschotterbereich der Mittelsteiermark (Hönigthal) (mit 4 Abbildungen und 2 Tafeln). Smn 172 – 22. S 20.–

Purtscheller F., Gefügekundliche Untersuchungen am Granit des Mont-Blanc und an den angrenzenden Gebieten (mit 11 Textabbildungen, 19 Diagrammen, 1 Karte und 1 Tabelle). Smn 172 – 29. S 92.–

1964 (S I Bd. 173):

Hanselmayer Josef, Beiträge zur Sedimentpetrographie der Grazer Umgebung XXIII. Petrographie der Schotter aus der Würmterrasse von Stocking (mit 5 Abbildungen auf 2 Tafeln). Smn 173 – 28. S 39.–

Kirchheimer F. und Wimmenauer W., Über den „Urangneis" in Badgastein (mit 3 Tafeln). Smn 173 – 6. S 22.–

Trommsdorff Volkmar, Untersuchungen an Interngefügen III. Beispiele aus der unteren Schieferhülle des Tauern-Westendes (mit 49 Diagrammen und 1 Abbildung im Text). Smn 173 – 5. S 60.–

1965 (S I Bd. 174):

Anger Heinrich, Zur Geologie der Gailtaler Alpen zwischen Gailbergsattel und Jauken (Kärnten), mit einem Beitrag von Wilhelm Klaus, Wien. Smn 174 – 10. S 20.–

Hanselmayer Josef, Erster Einblick in die Petrographie von Gesteinen aus dem „Quarzphyllit"-Gebiet der Waldheimat (Steiermark) (mit 2 Abbildungen auf Tafel I). Smn 174 – 13. S 20.–

Häusler Heinrich, Eine geologische Analyse von Feinstrukturen im Ruinenmergel (mit 2 Tabellen, 32 Abbildungen). Smn 174 – 11. S 100.–

Meixner Heinz, Die Uranminerale um Badgastein, Salzburg, im Rahmen Österreichs (mit 11 Abbildungen). Smn 174 – 15. S 48.–

Metz K., Das ostalpine Kristallin im Bauplan der östlichen Zentralalpen (mit 3 Textabbildungen). Smn 174 – 24. S 82.–

Kristallisations- und Rekristallisationsgefüge in Höhlenperlen aus Bergwerken

Von Martin Kirchmayer

Mit 10 Bildern und einer Tabelle

(Vorgelegt in der Sitzung der math. nat. Kl. am 9. Oktober 1968 von w. M. Felix Machatschki)

Einleitung

Höhlenperlen aus Bergwerken (der Name „Höhlenperlen" hat Priorität aus Österreich [Martel 1900], ist aber unglücklich gewählt) sind Ooide bekannten Alters, gewachsen in einem Großlaboratorium unter natürlichen Bedingungen; das maximale Alter der Ooide ist durch den Zeitpunkt des Auffahrungsbeginnes des Fundstollens festgelegt und beträgt meist einige Zehner von Jahren. Alle nachstehend beschriebenen Ooide sowie deren Dünnschliffbilder zeigen anschaulich, welche Kristallisations- und Rekristallisationsvorgänge in dem genannten Zeitraum unter Freiluft-Anwachsbedingungen an Einzelooiden vor sich gehen können.

Mit Untersuchungen von Höhlenperlen aus Höhlen (bekannten, vermuteten und unbestimmten Alters) hat vorliegende Untersuchung nie etwas zu tun gehabt: Wir wollen ja wissen, welche Kristallisations- und Rekristallisationsgefüge in Monaten, Jahren und Zehner von Jahren unter welchen Bedingungen und wieso entstehen; Auskünfte, die bei Untersuchungen von Höhlenperlen aus Höhlen kaum zu erhalten sind. Erst wenn in einer natürlichen Höhle ein (vielleicht automatisch arbeitendes) Laboratorium eingerichtet ist, was oft schon getan wurde, und dieses Jahre und Zehner von Jahren arbeitet und Daten sammelt, werden weitere auch besser fundierte Angaben über Kristallisations- und Rekristallisationsgefüge sowie über Wachstumsfaktoren zu den vorliegenden Ergebnissen hinzukommen. Natürlich wurden und werden auch „Höhlenperlen aus Höhlen“ untersucht. „Höhlenperlen i. e. S.“ und „Bergwerksooide“ sind aber doch in verschiedener Umgebung gewachsen und haben oft unterschiedliches Kristallisations- und Rekristallisationsgefüge. Deshalb sollten die Untersuchungsergebnisse beider Ooid-Arten nicht zusammen sondern getrennt beschrieben werden. Diese Arbeit beschäftigt sich mit „Bergwerksooiden“; die Ergebnisse haben den Charakter einer Pionier-Untersuchung.

Diese nahm mit Förderung durch die Österreichische Akademie der Wissenschaften nach Begutachtung durch Herrn Univ.-Prof. Dr. F. MACHATSCHKI im Jahre 1959 den Anfang (KIRCHMAYER 1961, 1962). An der Technischen Hochschule Clausthal wurde die Untersuchung mit Beispielen aus den Bergwerken des ehemaligen Clausthaler Reviers fortgesetzt (KIRCHMAYER 1963, 1964) und an der Universität Heidelberg mit Untersuchungen an Bergwerksooiden aus dem Ruhrgebiet zu einem vorläufigen Abschluß gebracht (HAHNE, KIRCHMAYER & OTTEMANN 1968). Vorliegende Studie bringt acht Dünnschliffbilder von Ruhrgebiets-Höhlenperlen sowie zwei Dünnschliffbilder von Steiermark-Höhlenperlen, mit welchen der Verfasser im Jahre 1959 die Pionier-Untersuchung begann.

Insbesondere durch das Interesse von Herrn Prof. Dr. C. HAHNE, Bochum, und Prof. Dr. G. MÜLLER, Heidelberg, wurden die Ergebnisse im deutschen Sprachraum (mit Ausnahme in Österreich) bekannt gemacht; durch das Interesse des Herrn Prof. Dr. G. C. AMSTUTZ, Heidelberg, und des Herrn Prof. Dr. G. MÜLLER, Heidelberg, fanden die Studien Eingang in den englischen Sprachraum, wenngleich die systematische Bearbeitung von Höhlenperlen ursprünglich mit dem leider verstorbenen Professor an der Columbia University, DDr. A. POLDERVAART, 1958 an der Universität selbst und im Zusammenhang mit dessen Aufenthalt in Österreich im Jahre 1960 diskutiert wurde. In England zeigte an den Höhlenperlen-Studien besonders Herr Prof. Dr. R. G. C. BATHURST, Liverpool (vgl. BATHURST 1958), und in den Vereinigten Staaten von Amerika Herr Prof. Dr. G. M. FRIEDMAN, Troy, N.Y., während deren Aufenthalt an der Universität Heidelberg Interesse (vgl. FRIEDMAN 1965).

Das Kristallisations- und Rekristallisationsgefüge an Höhlenperlen aus Bergwerken in Zeit und Raum zeigen am deutlichsten neun Dünnschliffbilder, denen eine Ganzaufnahme zur Einführung vorangestellt werden soll. Eine abschließend gebrachte Tabelle weist auf die Stellung der Höhlenperlen im Gesamtbild der Ooid-Untersuchungen hin. Für weitere Untersuchungen sei auf die Literatur verwiesen.

Die Ganzaufnahme (Fig. 1) hat der Fotolaborant an der Universität Heidelberg, Herr GERIKE, die Dünnschliffbilder Fig. 2—6, 8—10 Herr Prof. Dr. G. MÜLLER, Heidelberg, das Dünnschliffbild Fig. 7 der leider verstorbene Fotolaborant an der Technischen Hochschule Clausthal, Herr STOPP, von den an der Geologischen Bundesanstalt Wien von Herrn STRÖMER präparierten Dünnschliffen des Verfassers ausgeführt. Interesse und Förderung wurden dem Verfasser zuteil vor allem durch Herrn Univ.-Prof. Dr. F. MACHATSCHKI, Wien, Herrn Univ.-Prof. Dr. H. WIESENEDER, Wien, Herrn Univ.-Prof. Dr. A. PREISINGER, Wien, Herrn Prof. Dr. A. PILGER, Clausthal, Herrn Prof. Dr. C. HAHNE, Bochum, Herrn Prof. Dr. G. C. AMSTUTZ, Heidelberg, Herrn Prof. Dr. G. MÜLLER, Heidelberg, Herrn J. FRIEDL, Heessen bei Hamm, und *last not least* durch Herrn Dipl.-Math. B. NUBER, Heidelberg. Die bei einer Pionierarbeit oft nicht immer sichtbare Arbeitszeit bezahlte zuerst die Universität Wien, dann die Österreichische Akademie der Wissenschaften, die Montangeologische Arbeitsgemeinschaft der Westdeutschen Steinkohlengebiete, Bochum, die Westfälische Berggewerkschaftskasse, Bochum, und zuletzt die Deutsche Forschungsgemeinschaft Bad Godesberg. Den angeführten Herren, allen nicht genannten Damen und Herren sowie den genannten Instituten sei für Förderung und Hilfe sehr gedankt.

Das Kristallisations- und Rekristallisationsgefüge

Tafel 1

Objekt: Bergwerksooid, Ganzaufnahme (Fig. 1).

Fundort: Bundesrepublik Deutschland; Land: Nordrhein-Westfalen, Heessen bei Hamm, östliches Ruhrgebiet, Zeche Sachsen, Schachtanlagen I/II. Aufgesammelt durch Herrn FRIEDL im Jahre 1938.

Alter: (nach mündlicher Mitteilung durch Herrn FRIEDL) 3 Monate.

Maßstab: Im Bilde sichtbar.

Mineralbestand: Calciumcarbonat.

Diskussion: Rechts im Bilde: Originalgestalt. Die hervorragend gute Rundung, entstanden durch Rollung während des Wachstums, ist gut zu erkennen. Links im Bilde: Ooid selben Fundortes, mediangeschnitten und die Schnittfläche poliert. Die konzentrische Lagenstruktur, ebenso die Radialstruktur sowie der Vorgang der Zerstörung der konzentrischen Lagenstruktur durch die Radialstruktur ist deutlich zu sehen.

Literatur: HAHNE, KIRCHMAYER & OTTEMANN (1968).

Tafel 2

Objekt: Medianschnitt durch ein Bergwerksooid. Dünnschliff LANGER Nr. 4, normales Licht (Fig. 2). Das Negativ zu dieser Aufnahme ist unter Nr. 42 im Photoarchiv des min.-petr. Institutes der Universität Heidelberg eingeordnet.

Fundort: Bundesrepublik Deutschland; Land: Nordrhein-Westfalen, Heessen bei Hamm, mittleres Ruhrgebiet. Zeche Hagenbeck. Aufgesammelt durch Herrn LANGER, Essen.

Alter: Maximal 32 Jahre.

Maßstab: Der Oben-nach-unten-Durchmesser des Ooids beträgt 13,00 mm.

Mineralbestand: 100% Calcit: Eigene optische Untersuchungen; DTA-Untersuchung durch Herrn LANGER (die an einem dem Verf. nicht bekannten Institut ausgeführt wurde); Röntgenuntersuchung am mineralogisch-petrographischen Institut der Universität Heidelberg, Röntgenabteilung, ausgeführt durch Herrn B. NUBER, 1968.

Diskussion: Während die Bergwerksooide aus dem Guggenbach-Bergwerk, Österreich (siehe Fig. 9, 10), durch Klimakontrolle hervorgerufene Alternierung von hellen (grobspätigen) Calcitlagen und dunklen (mikrokristallinen) Calcitlagen zeigen, haben vorliegende Bergwerksooide (Fig. 1—8) aus dem Ruhrgebiet eine durch die chemische Veränderung des Grundwassers kontrollierte Zonierung des Ooid-Schalenkörpers.

Der im Dünnschliffbild sichtbare Kern ist Kohle. Die hellen Schalenringe sind teilweise Fiber-Calcit, teilweise grobkristalliner poikilotopischer Calcit. Dunkle Schalenringe sind teilweise Verunreinigungen aus dem Grundwasser. Beachte, wie Vorgang der Rekristallisation (grobkristalliner Calcit) die radiale primäre Ringstruktur zerstört. Im Zusammenhang mit der Rekristallisation treten Löcher im Aggregatgefüge auf.

Literatur: HAHNE, KIRCHMAYER & OTTEMANN (1968, S. 13, Abb. 20).

Tafel 3

Objekt: Ausschnitt aus einem Medianschnitt durch ein Bergwerksooid. Dünnschliff LANGER Nr. 4, Normales Licht (Fig. 3).

Das Negativ zu dieser Aufnahme ist unter Nr. 42a im Photoarchiv des min.-petr. Institutes der Universität Heidelberg eingeordnet.

Fundort: Bundesrepublik Deutschland; Land: Nordrhein-Westfalen, mittleres Ruhrgebiet, Zeche Hagenbeck. Aufgesammelt durch Herrn LANGER, Essen.

Alter: Maximal 32 Jahre.

Maßstab: Längste Bildseite = 3,76 mm.

Mineralbestand: 100% Calcit: Eigene Untersuchungen mit dem Polarisationsmikroskop, DTA-Untersuchung durch Herrn LANGER (die an einem dem Verf. nicht bekannten Institut ausgeführt wurde); Röntgenuntersuchung am mineralogisch-petrographischen Institut der Universität Heidelberg, Röntgenabteilung, durch Herrn B. NUBER im Jahre 1968.

Diskussion: Der Kern, im unteren Teil des Bildes sichtbar, ist Kohle. Die konzentrischen Ringe bestehen aus Zonen von Fiber-Calcit in Gestalt eines dichten Kristallisationsgefüges; die grobkörnigen Zonen bestehen aus poikilotopischem Calcit und stellen das Rekristallisationsgefüge dar. Es ist deutlich zu sehen, wie die Rekristallisation kegelförmige Relikte der primären, gut gebänderten Kristallisationsstruktur unverändert beließ. Die Löcher im Schalenbereich ent-

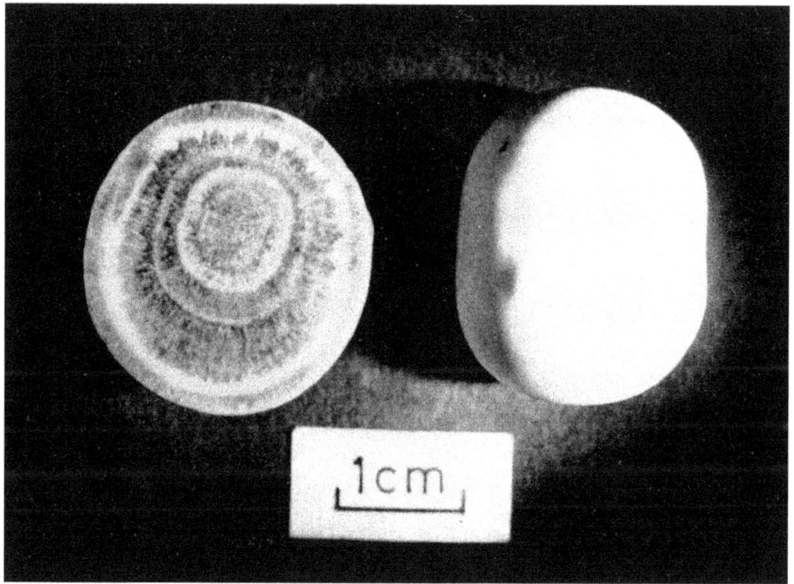
1cm

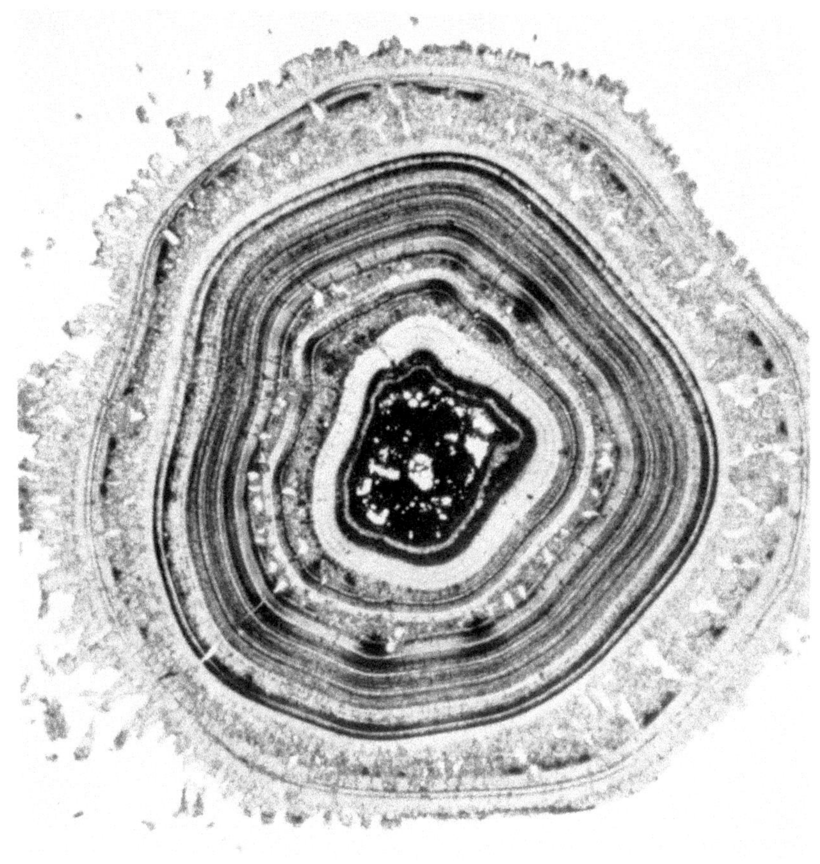

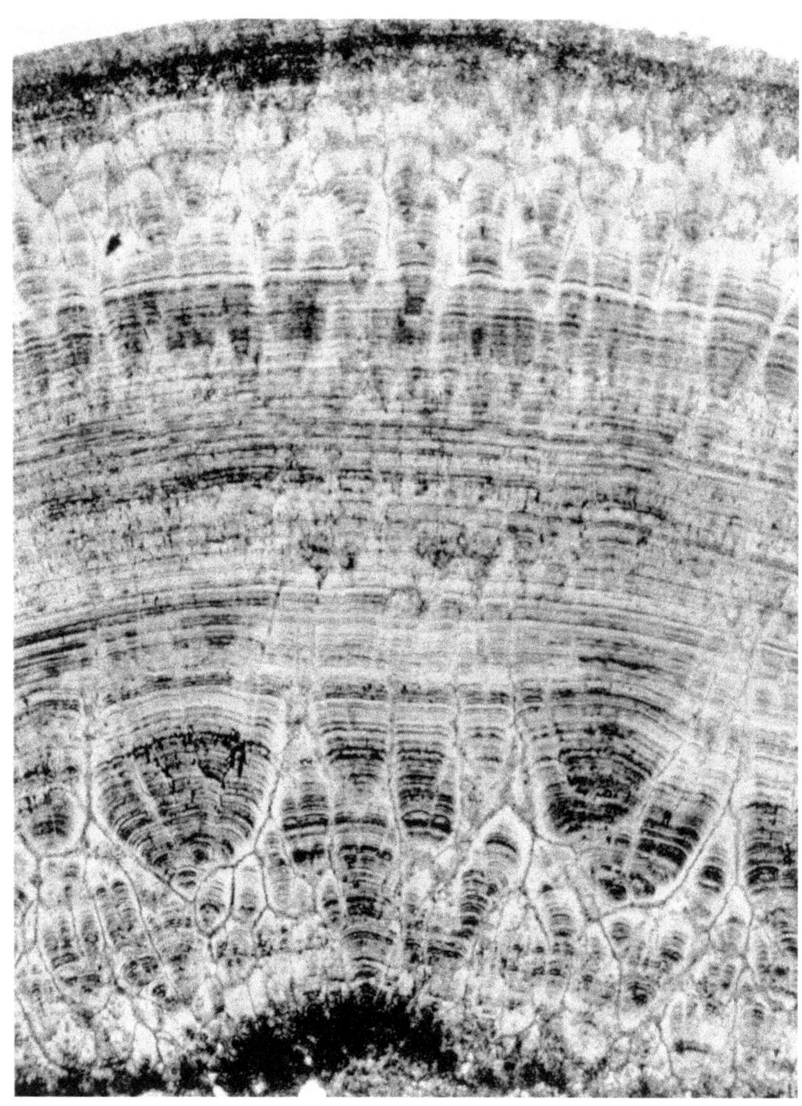

standen bei der Rekristallisation. Diese zeigt auch, daß die vorhin erwähnten dunklen gefärbten Reliktstrukturen zum Teil durch Verunreinigungen verfärbt sind, die aber dann im Zusammenhang mit dem Vorgang der Rekristallisation verschwinden. Beachte ferner das Auftreten von senkrecht zu den konzentrischen Ringen, zu der Bauzone, stehenden geradlinig verlaufenden Schwundrissen.

Literatur: HAHNE, KIRCHMAYER & OTTEMANN (1968).

Tafel 4

Objekt: Ausschnitt aus einem Medianschnitt durch ein Bergwerksooid. Dünnschliff LANGER Nr. 4, selbe Stelle wie Fig. 3, jedoch mit gekreuzten Nicols betrachtet (Fig. 4).

Das Negativ zu dieser Aufnahme ist unter Nr. 42b im Photo-Archiv des min.-petr. Institutes der Universität Heidelberg eingeordnet.

Fundort: Bundesrepublik Deutschland; Land: Nordrhein-Westfalen, mittleres Ruhrgebiet, Zeche Hagenbeck. Aufgesammelt von Herrn LANGER, Essen.

Alter: Maximal 32 Jahre.

Maßstab: Längste Bildseite = 3,49 mm.

Mineralbestand: 100% Calcit: Eigene optische Untersuchungen mit einem Polarisationsmikroskop; DTA-Untersuchung durch Herrn LANGER (an einem dem Verfasser nicht bekannten Institut); Röntgenuntersuchung am mineralogisch-petrographischen Institut der Universität Heidelberg, Röntgenabteilung, durch Herrn B. NUBER im Jahre 1968.

Diskussion: Im unteren Teil des Bildes sieht man den aus einem Kohlestück bestehenden Kern. Die Schale des Ooids besteht aus Zonen; die dichte ist Fiber-Calcit, die grobspätige besteht aus poikilotopischen Calciten. Das BREWSTERsche Kreuz ist deutlich zu sehen. Kegelförmige Relikte primären gut gebänderten Kristallisationsgefüges illustrieren deutlich den Vorgang der Rekristallisation, die durch Löcher im Schalenbau und Verschwinden der Verunreinigungen sowie Kornvergrößerung charakterisiert ist. Das primäre Kristallisationsgefüge muß sich relativ rasch gebildet haben, da man in der unteren Calcit-Zone (etwa in der Mitte derselben) zwei eckige Kohlestückchen eingebaut erkennt.

Literatur: HAHNE, KIRCHMAYER & OTTEMANN (1968, S. 13ff.).

Tafel 5

Objekt: Ausschnitt aus einem Medianschnitt durch ein Bergwerksooid. Dünnschliff F Ib. Normales Licht (Fig. 5).

Das Negativ zu dieser Aufnahme ist unter Nr. 46a im Photoarchiv des min.-petr. Institutes der Universität Heidelberg eingeordnet.

Fundort: Bundesrepublik Deutschland; Land: Nordrhein-Westfalen, Heessen bei Hamm. Zeche Sachsen, Schachtanlagen I/II. Aufgesammelt durch Herrn FRIEDL, Heessen.

Alter: (nach mündlicher Mitteilung von Herrn FRIEDL) 3 Monate.

Maßstab: Längste Bildseite = 3,70 mm.

Mineralbestand: Praktisch 100% Aragonit sowie Spuren Calcits: Optische Untersuchungen durch den Verfasser; Röntgenuntersuchungen am mineralogisch-petrographischen Institut der Universität Heidelberg, Röntgenabteilung, B. NUBER 1968.

Diskussion: Wir sehen einen Ausschnitt der Schale, ohne Kernbereich; der obere gebogene Dünnschliffrand zeigt die Außengrenze des Ooids an. Auffallend ist wieder die Zonenstruktur, wobei die mittlere Zone kaum Veränderungen zeigt, während die näher zum Kern und jene an der Außengrenze liegende aber eine Neuorientierung der Aragonitnadeln in Gestalt einer *cone-in-cone-structure* bringt. Die Bildung der Kegelstruktur zwingt die primäre durch Verunreinigung im Grundwasser zustandegekommene Schichtung sich einzubiegen. Die Nähte zwischen den Kegeln erscheinen ausgebleicht, und das Material aus den Kegelrändern ist in die Suturen eingewandert und zu mikrokristallinem Calcit rekristallisiert (der in der Röntgenaufnahme natürlich nicht mehr aufscheint).

Im Dünnschliffbild ist auch zu sehen, daß die Kegelbildung von innen (kernseitig) nach außen (oberflächenseitig) wandert, wobei die Spitze jedes Kegels von Spuren kryptokristallinen Calcits gebildet wird.

Literatur: HAHNE, KIRCHMAYER & OTTEMANN (1968, S. 8, 9; Abb. 15).

Tafel 6

Objekt: Ausschnitt aus einem Medianschnitt durch ein Bergwerksooid. Dünnschliff F Ib. Gekreuzte Nicols. Selbe Stelle wie Fig. 5 (Fig. 6).

Das Negativ zu dieser Aufnahme ist unter Nr. 46b im Photoarchiv des min.-petr. Institutes der Universität Heidelberg eingeordnet.

Fundort: Bundesrepublik Deutschland; Land: Nordrhein-Westfalen, Heessen bei Hamm, östliches Ruhrgebiet. Zeche Sachsen, Schachtanlagen I/II. Aufgesammelt von Herrn FRIEDL, Heessen.

Alter: (nach mündlicher Mitteilung durch Herrn FRIEDL) 3 Monate.

Maßstab: Längste Bildseite = 3,25 mm.

Mineralbestand: Praktisch 100% Aragonit sowie Spuren von Calcit: Optische Untersuchungen mit Hilfe eines Polarisationsmikroskopes durch den Verfasser; Röntgenaufnahme am mineralogisch-petrographischen Institut der Universität Heidelberg, Röntgenabteilung, B. NUBER 1968.

Diskussion: Bei dieser Fotoaufnahme ist nicht so sehr die Umgrenzung der *cone-in-cone-structure* durch die Suturen zu sehen, vielmehr die Form und Position der Kegel überhaupt. Diese sind innerhalb zwei durch wechselnden Chemismus des Grundwassers entstandene Zonen angeordnet. Deutlich ist bei der durch Druck hervorgerufene Neuorientierung der Aragonitnadeln das Einbiegen der Schichtung zu sehen, ebenso die ausgebleichten Ränder der Kegel. Die mikrokristallinen, die Suturen ausfüllenden rekristallisierten Calcite kann man in ihrer Kristallform deutlich erkennen. Die Kegelbildung wandert, wie ersichtlich, von innen (kernseitig) nach außen (oberflächenseitig); man sieht einzelne sowie multible Kegel (Viel-Kegel). Die Bildung der Kegel, der *cone-in-cone-structure*, erfolgt normalerweise, und wohl gesichert, durch Druck, wobei hier offenbar Drücke, die durch Wasseraufprall auf den Boden, Eigengewicht der Ooide und Luftdruck (Preßluft) im Stollen umgrenzt werden können, entstehen.

Literatur: HAHNE, KIRCHMAYER & OTTEMANN (1968, S. 8, 9, sowie Abb. 1 oben links und Abb. 1 rechts).

Tafel 7

Objekt: Ausschnitt aus einem Medianschnitt durch ein Bergwerksooid. Dünnschliff LANGER Nr. 4. Gekreuzte Nicols (Fig. 7).

Das Negativ zu dieser Aufnahme ist unter Nr. 42d im Photoarchiv des min.-petr. Institutes der Universität Heidelberg eingeordnet.

Fundort: Bundesrepublik Deutschland; Land: Nordrhein-Westfalen, mittleres Ruhrgebiet. Zeche Hagenbeck. Aufgesammelt durch Herrn LANGER, Essen.

Alter: Maximal 32 Jahre.

Maßstab: Längste Bildseite = 3,32 mm.

Mineralbestand: 100% Calcit: Optische Untersuchungen durch den Verfasser; DTA-Untersuchungen durch Herrn LANGER (an einem dem Verf. nicht bekannten Institut ausgeführt); Röntgenuntersuchung am mineralogisch-petrographischen Institut der Universität Heidelberg durch Herrn B. NUBER im Jahre 1968.

Diskussion: Das Schliffbild zeigt zwei Bereiche. Der untere Teil besteht aus Fiber-Calcit, senkrecht auf die Schichtung aufstehend, generell dunkel erscheinend. Man sieht eine Zonierung, die vermutlich durch die sich ändernde chemische Zusammensetzung des Grundwassers verursacht wurde. Schwach erkennbar ist ein Balken des BREWSTERschen Kreuzes. Im oberen Teil des Bildes ist grobspätiger Calcit zu sehen. Er bildete sich im Zusammenhang mit der Rekristallisation. Die poikilotopischen Calcitkristalle sind optisch orientiert (Auslöschung!), zeigen „Christbaumstruktur". Die Verunreinigungen sind verschwunden, sie wurden nach außen gedrängt und der Schalenkörper vergrößert. Fehlstellen, Löcher im Gefüge sind allgemein. Man erkennt deutlich die oftmals kegelförmige Konfigurationen aufweisende Relikte des primären Kristallisationsgefüges.

Literatur: HAHNE, KIRCHMAYER & OTTEMANN (1968, S. 13).

Tafel 8

Objekt: Ausschnitt aus einem Medianschnitt durch ein Bergwerksooid. Dünnschliff FK Nr. 3, normales Licht (Fig. 8).

Das Negativ zu dieser Aufnahme befindet sich im Besitze des Verfassers.

Fundort: Bundesrepublik Deutschland; Land: Nordrhein-Westfalen, Heessen bei Hamm, östliches Ruhrgebiet. Zeche Sachsen, Schacht IV (Wetterschacht). Aufgesammelt von Herrn FRIEDL, Heessen, und dem Verfasser im Jahre 1963.

Alter: 3 Monate bis 8 Jahre, üblicherweise ein bis zwei Jahre.

Maßstab: Längste Bildseite = 2,80 mm. (Die gekrümmte Ooid-Oberfläche ist im Bilde links sichtbar.)

Mineralbestand: Mischung aus Aragonit und Calcit: Optische Untersuchungen durch den Verfasser; Röntgenuntersuchungen am mineralogisch-petrographischen Institut der Universität Heidelberg im Jahre 1968, durch Herrn B. NUBER ausgeführt.

Ergebnisse mit Anfärbemethoden liegen noch nicht vor, so daß keine genaueren Angaben über die Verteilung von Aragonit und Calcit gemacht werden können.

Diskussion: Diese Ooide wachsen nicht — wie üblich — in einem tropfenden Wasser„strom", sondern in einem durch die zum herabstürzenden Wasser gegenläufigen Bewetterung des ausziehenden Schachtes hervorgerufenen Wasserstaub. Man sieht darum auch keine radiale, schichtgebundene Anordnung der Kristalle; sie wachsen vollkommen unorientiert. Wohl ist eine schwache Schichtung zu erkennen; die Oberfläche des Ooids mag als Orientierung dienen. Die dunklen Anteile an den Kristallen im Schalenkörper sind Verunreinigungen. Beachte auch die Löcher im Schalenkörper, welche bei der Rekristallisation (?) entstanden sein können.

Literatur: HAHNE, KIRCHMAYER & OTTEMANN (1968, S. 10—12, Abb. 11—14 [sowie Mikrosondenuntersuchungen]: Abb. 22—25).

Tafel 9

Objekt: Ausschnitt aus einem Medianschnitt durch ein Bergwerksooid. Dünnschliff Guggenbach Nr. 4. Normales Licht (Fig. 9).

Das Negativ zu dieser Aufnahme ist unter Nr. 36a im Photoarchiv des min.-petr. Institutes der Universität Heidelberg eingeordnet.

Fundort: Österreich; Land: Steiermark, Guggenbach. Aufgelassener Bleiglanz-Bergbau, Schürfstollen, „Oberer Schieferstollen". Aufgesammelt durch den Verfasser im Jahre 1959.

Alter: Maximal 115 Jahre.

Maßstab: Längste Bildseite = 3,28 mm.

Mineralbestand: 100% Calcit: Optische Untersuchungen durch den Verfasser; Röntgenuntersuchung am mineralogischen Institut der Universität Wien vom Jahre 1961/62, veröffentlicht in KIRCHMAYER (1962). Röntgenuntersuchung am mineralogisch-petrographischen Institut der Universität Heidelberg, Röntgenabteilung, Herr B. NUBER, im Jahre 1968.

Diskussion: Der Schalenkörper zeigt eine deutliche Ringstruktur mit abwechselnd dunklen und hellen Ringen; diese Abfolge stellt eine Klimastatistik dar. Die hellen Ringe bestehen aus idiomorphen senkrecht der Bauzone aufstehenden Calcitkristallen, die dunklen Ringe entpuppen sich bei 800facher Vergrößerung als unorientierte xenomorphe Calcitkristalle. (Gerne erinnert sich der Verfasser der vielen zeitraubenden Bemühungen zusammen mit Herrn Univ.-Prof. Dr. A. PREISINGER, Wien, den Grund der Dunkelfärbung der dunklen Ringe aufzuhellen. Damals gab es leider noch keine derartig starken Mikroskope, und so mußten zoologische Beobachtungen im Fundstollen, Eiweißtests und andere Spekulationen einspringen. Pionierarbeit!) Die hellen Calcitkristalle sitzen senkrecht der Bauzone auf, welche, die Schichtköpfe des unterlagernden hellen Calcitringes ausglättend, vom vorherigen Dunkel-Ring gebildet wird. Beachte auch hier die Löcher, die teilweise mit dem Wachstum in Verbindung gebracht werden, teilweise aber auch bei der Präparation entstanden sein können. Unten im Bilde rechts ist der Kern, ein paläozoischer Kalkphyllit, sichtbar.

Literatur: KIRCHMAYER (1961, 1962, 1963, 1964), HAHNE, KIRCHMAYER & OTTEMANN (1968).

Tafel 10

Objekt: Detailausschnitt aus einem Medianschnitt durch ein Bergwerksooid. Dünnschliff Guggenbach Nr. 4, normales Licht (Fig. 10). Das Negativ zu dieser Aufnahme ist unter Nr. 36b im Photoarchiv des min.-petr. Institutes der Universität Heidelberg eingeordnet.

Fundort: Österreich; Land: Steiermark, Guggenbach. Aufgelassener Bleiglanz-Bergbau, Schürfstollen, „Oberer Schieferstollen". Aufgesammelt durch den Verfasser im Jahre 1959.

Alter: Maximal 115 Jahre.

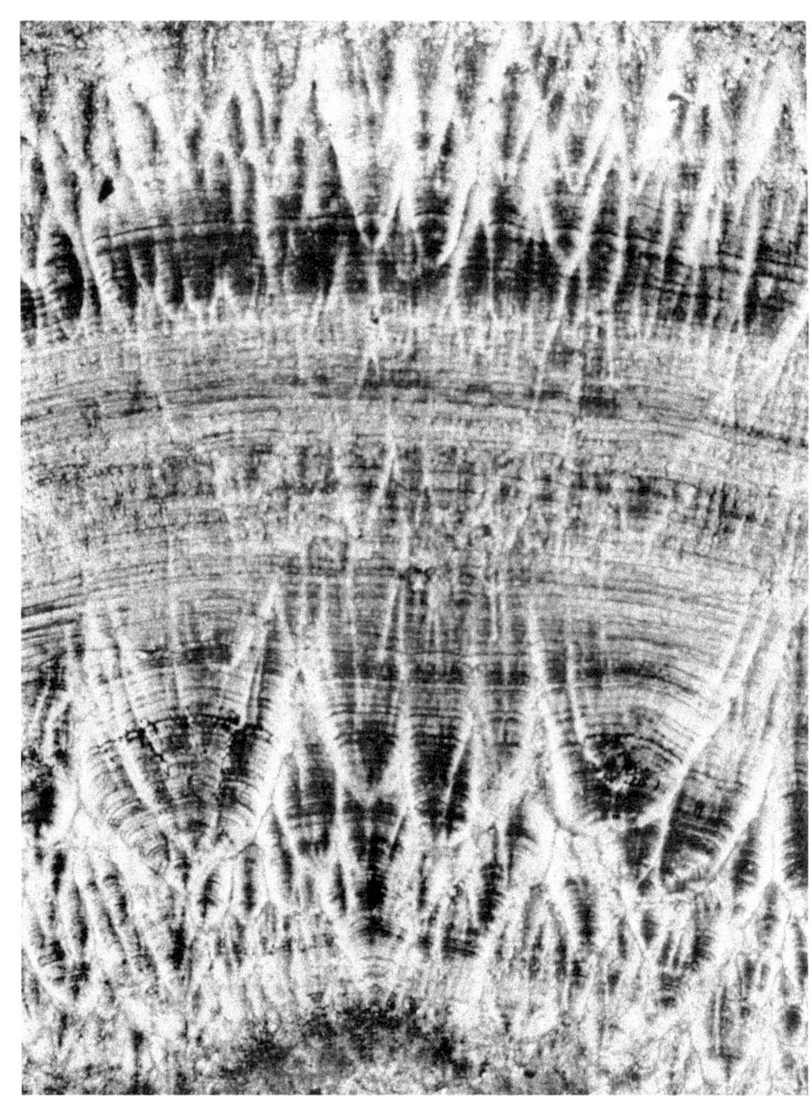

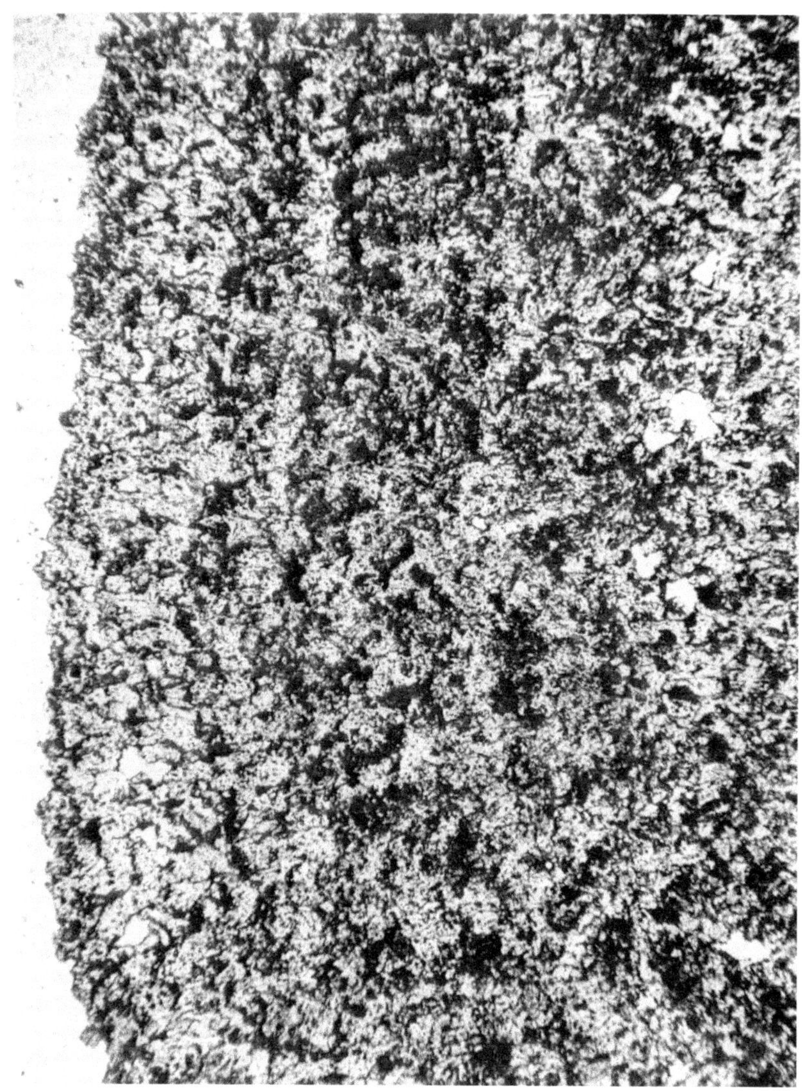

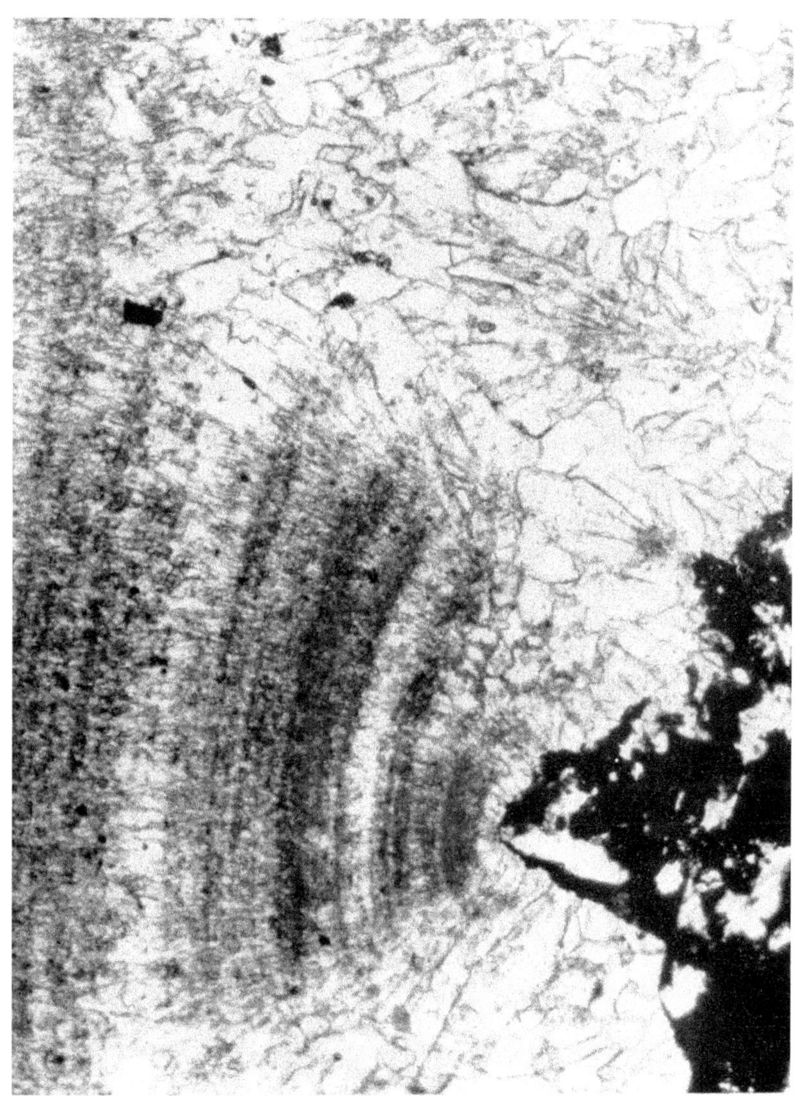

Maßstab: Längste Bildseite = 0,93 mm. (Die linke Bildseite weist zur Oberfläche des Ooides hin.)

Mineralbestand: 100% Calcit: Optische Untersuchungen durch den Verfasser; Röntgenuntersuchung am mineralogischen Institut der Universität Wien vom Jahre 1960/61, veröffentlicht in Kirchmayer (1962). Röntgenuntersuchung am mineralogisch-petrographischen Institut der Universität Heidelberg, Röntgenabteilung, durch Herrn B. Nuber, 1968.

Diskussion: Diese Detailstudie zeigt deutlich den Zusammenhang zwischen Kristallisation und Rekristallisation. Kristallisationsgefüge als Relikt ist der dunkle, kegelförmige, gut geschichtete Bereich; Rekristallisationsgefüge mit deutlicher Kornvergrößerung, nicht orientierten Körnern, die primäre Schichtung zerstörend; von innen nach außen wandernd, die Verunreinigungen verdrängend. Die Rekristallisation führt zu Löchern, Fehlstellen im Gesamtgefüge, z. B. oben im Bilde zu sehen. Rechts unten im Bilde sieht man den Kern, ein eisenreicher Kalkphyllit paläozoischen Alters.

Literatur: Kirchmayer (1961, 1962, 1963, 1964), Hahne, Kirchmayer & Ottemann (1968).

Laboratoriums-Ooide, Bergwerks-Ooide, limnische Ooide und marine Ooide

(vgl. Tabelle im Text)

Das letzte Bild, Fig. 10, faßt die Charakteristika der Kristallisation, d. i. idiomorphe, hypidiomorphe und manchmal xenomorphe Kristalle, Fiber-Calcit, Ausbildung einer konzentrischen Schichtung, Ausbildung einer Bauzone, Einbau von Verunreinigungen u. a. sowie die Charakteristika der Rekristallisation, d. i. Kornvergrößerung, poikilotopische Kristalle, idiomorphe, hypidiomorphe Kristalle, Verbiegung bis Zerstörung der primären konzentrischen Schichtung, Ausbildung von Löchern im Gesamtgefüge, Verdrängung der Verunreinigungen u. a. zusammen.

Die Dünnschliffreihe läßt auch das jeweilige Stadium der Rekristallisation insoferne gut erkennen, als bei allen Abbildungen sowohl Kristallisations- und Rekristallisationsgefüge nebeneinander zu sehen sind.

Die vorgelegten Dünnschliffaufnahmen stellen nur einen Bruchteil der tatsächlich vorhandenen Aufnahmen, die wiederum noch nicht alle untersuchten Dünnschliffe erfassen, dar. Wenige Beobachtungen konnten hier mitgeteilt und interpretiert werden, weitere sind gut bekannt und viele noch gar nicht erkannt oder gedeutet. Aber trotzdem gestatten die vorliegenden Untersuchungsergebnisse über Mineralbestand, Korngefüge, gekoppelt mit hier

Laboratoriums-Ooide, Bergwerks-Ooide,

Bildungsraum	Laboratorium mit künstlichen Bedingungen	Großlaboratorium mit natürlichen Bedingungen — Kontinentaler Bildungsraum —	
Autor und Jahr	DONAHUE (1962, 1965)	KIRCHMAYER (1961, 1962)	KIRCHMAYER (1963, 1964)
Hauptmineral	Calcit	Calcit	Calcit
Fundort		Bergwerk in Guggenbach, Österreich	Bergwerk in Clausthal, BRD
Alter	1—6 Monate	ca. 115 Jahre	ca. 100 Jahre
Substrat	Übersättigte Lösung	Süßwasser	Süßwasser
Herkunft des Substrates	$CaCO_3$-Pulver H_2O, CO_2	Regen, Schnee, ca. 1000 mm/Jahr, löst $CaCO_3$ aus Kalkphyllit	Regen, Schnee, ca. 1200 mm/Jahr, löst $CaCO_3$ aus Kalkspat-Gang-füllung
Bildungsort	Laboratorium, Columbia University, New York	8 Meter unter der Erdoberfläche im Stollen	200 Meter unter der Erdoberfläche im Stollen
Wassertemperatur und Ort/Zeit der Messung		2,2° C—9,8° C Minimum-Maximum Winter - Sommer	11,3° C Einzelne Messung

Zusammengestellt KIRCHMAYER, am 13. Juli 1967.

Limnische Ooide, Marine Ooide

Großlaboratorium mit natürlichen Bedingungen — Kontinentaler Bildungsraum —	Limnischer Bildungsraum	Rezent-mariner Bildungsraum	Fossil-mariner Bildungsraum
HAHNE, KIRCHMAYER & OTTEMANN (1968)	EARDLY (1938) CAROZZI (1957) OTTEMANN & KIRCHMAYER (1967)	z. B. ILLING (1954); NEWELL, PURDY & IMBRIE (1960); BATHURST (1967)	z. B. CAROZZI (1961) FABRICIUS (1967)
Calcit, Aragonit, Aragonit/Calcit	Aragonit	Aragonit	Calcit
Bergwerke im Ruhrgebiet, BRD	Großer Salzsee, Utah, USA	z. B. Große Bahama-Bank, Amerika	z. B. Unter-Karbon, Alberta, Kanada, Rät/Lias der nordwestlichen Kalkalpen
ca. 3 Monate bis 40 Jahre	Maximal Pleistozän	ca. 480 Jahre bis ca. 5000 Jahre	Geologische Zeitspannen
Meist salzhaltige Wässer	Salzhältiges Seewasser	Meerwasser	Meerwasser
Fossile Kreidezeit-Salzwässer, auch? Grundwässer; Salinität durch Zechstein-Salze, entlang Störungen zugeführt. Chemismus aus geologischen Gründen sowie Bergbau-Gegebenheiten veränderlich	Flußwasser; Salinität durch oberirdische Salzstöcke		
Bis ca. 680 m und mehr Teufe in Schächten und Stollen	Entlang des Strandes im Flachwasserbereich	Im Küstenbereich und Lagune	
ca. 10,0° C—34,0° C verschiedene Fundorte	25,5° C—26,5° C Seeboden, Wasseroberfläche	27,9° C—31,3° C; Süd-, Ost-Lagune und Nordküste von Bimini, Bahama	

nicht mitgeteilten Wasseranalysen, Feuchtigkeitsuntersuchungen und Temperaturmessungen sowie Luftdruck-Aufzeichnungen im Bildungsraum der Bergwerksooide Aussagen über Veränderung des Mineralbestandes und des Gefüges in Raum und Zeit, gestatten wertvolle Aussagen über jene Vorgänge zu geben, die sich in einigen Zehner von Jahren unter natürlichen Freiluft-Bedingungen beim Wachstum der Einzel-Ooide abspielen.

Die Anwendung des Aktualitätsprinzips (HUTTON, LYELL in: LEITMEIER 1950) — auch wenn es oft eingeschränkt werden muß, ist es eine sehr nützliche Arbeitshypothese — gestattet zudem, die Ergebnisse mit jenen aus künstlichen Laboratorien und anderen Daten aus dem limnischen und rezent-marinen sowie geologisch-marinen Bildungsraum in Gesamtheit darzustellen. Darüber gibt hinweisend auf die angeführte Literatur (besonders auch in HAHNE, KIRCHMAYER & OTTEMANN 1968) die beigefügte Tabelle Auskunft.

Literaturverzeichnis

BATHURST, R. G. C.: Diagenetic fabrics in some British Dinantian limestones. — Liverpool & Manchester Geol. Journ., *2*, 11—36. 1958.

— Oölitic Film on Low Energy Carbonate Sand Grains, Bimini Lagoon, Bahamas. — Marine Geol., *5*, 89—109, 14 Fig., Amsterdam 1967.

CAROZZI, A. V.: Contribution a l'etude des propriétés géométriques des oolithes. — L'exemple du Grand Lac Salé, Utah, USA. — Bull. Inst. Nat. Genevois, *LVIII*, 3—52, 27 Fig. 1957.

— Oolithes remaniées, brisées et régénerés dans le Mississippien des chaînes frontales, Alberta Central, Canada. — Arch. Scie., *14*, 2, 281—295, 8 Fig., Genéve 1961.

DONAHUE, J.: The Formation of Cave Pearls. — Missouri Speleology, IV, Nr. 3. 1962.

— Laboratory Growth of Pisolite Grains. — Journ. Sed. Petrol. *35*, 251—256, 6 Fig., 1965.

EARDLY, A. J.: Sediments of Great Salt Lake, Utah. — Bull. Amer. Ass. Petrol. Geol., *22*, 10, 1305—1411, Tulsa 1938.

FABRICIUS, F.: Die Rät- und Lias-Oolithe der nordwestlichen Kalkalpen. — Geol. Rdsch., *56*, 140—170, 10 Abb., 2 Tab., 2 Taf., Stuttgart 1967.

FRIEDMAN, G. M.: Terminology of Crystallization Textures and Fabrics in Sedimentary Rocks. — Jour. Sed. Petrol. 35, Nr. 3, 643—655, Fig. 1—11. 1965.

HAHNE, C., M. KIRCHMAYER & J. OTTEMANN: „Höhlenperlen" (Cave Pearls), besonders aus Bergwerken des Ruhrgebietes — Modellfälle zum Studium diagenetischer Vorgänge an Einzelooiden. — N. Jb. Geol. Paläont. Abh., *130*, 1, 1—46, 8 Taf., 25 Diagr., Stuttgart 1968.

ILLING, L. V.: Bahamian Calcareous Sands. — Bull. Amer. Ass. Petrol. Geol., *38*, 1—95. Tulsa 1954.

KIRCHMAYER, M.: Untersuchungen an rezenten Höhlenperlen. Études concernant des perles des cavernes récentes. — Die Höhle. Zeitschr. Karst- u. Höhlenkunde, *12*, S. 56., Wien 1961. Akt. 3. Intern. Kongr. Speläologie, *A*, S. 24. Wien 1961.

— Zur Untersuchung rezenter Ooide. — N. Jb. Geol. Paläont. Abh., *114*, 3, 245—272, 2 Lichtbild., 8 Tab., 10 Fig., Stuttgart 1962.

— Höhlenperlen (Cave Pearls, Perles de Cavernes), Vorkommen, Definition sowie strukturelle Beziehung zu ähnlichen Sedimentsphäriten. — Anz. math.-naturw. Kl. Österr. Akad. Wiss. (1963), Nr. 10. 223—229, Wien 1963.

— Höhlenperlen (Cave Pearls) aus Bergwerken. — Sitz. Ber. Österr. Akad. Wiss. math.-naturw. Kl., Abt. I, *173*, 5.—7. H., 309—349, 18 Fig., 6 Tab., Wien 1964.

MARTEL, E.-A.: La Spéléologie on Science des Cavernes. — Scientia-Biologie. Nr. 8, 126 S., Paris (Carré & Naud) 1900.

NEWELL, N. D., E. G. PURDY & J. IMBRIE: Bahamian oölitic sand. — Journ. Geol., *68*, 5, 481—497, 4 Taf., 3 Fig., 3 Tab. Chicago 1960.

LEITMEIER, H.: Einführung in die Gesteinskunde. — 275 S., 100 Abb., Wien (Springer) 1950 (HUTTON, LYELL: siehe S. 2).

OTTEMANN, J. & M. KIRCHMAYER: Über Höhlenperlen und die Mikroanalyse von Ooiden mit der Elektronensonde. — Naturwissenschaften, *54*, 14, 360—365, 8 Fig., Berlin-Heidelberg-New York 1967.

Anschrift des Verfassers: Mineralogisch-petrographisches Institut der Universität Heidelberg, D-69 Heidelberg 1, Berliner Straße 19, Bundesrepublik Deutschland.

Die in den Sitzungsberichten Abtlg. I und Abtlg. II der math.-nat. Klasse der Österr. Ak. d. Wiss. erscheinenden Abhandlungen werden auch einzeln abgegeben. Sie können durch jede Buchhandlung oder direkt durch die Auslieferungsstelle der Österreichischen Akademie der Wissenschaften (1010 Wien, Mölkerbastei 5) bezogen werden.

Nachfolgende Abhandlungen aus dem Fache **Botanik** (Biologie) sind erschienen:

1960 (S I Bd. 169):

Bolay Erika, Die Vitalfärbung voller Zellsäfte und ihre cytochemische Interpretation (mit einer Textabbildung und 5 Tafeln). S 49.—

Ehrendorfer F., Neufassung der Sektion Lepto-Galium Lange und Beschreibung neuer Arten und Kombinationen (zur Phylogenie der Gattung Galium, VII). S 12.—

Franz Gertrude, Die Mikroflora einiger Standorte im Leithagebirge in ihrer Abhängigkeit von Boden und Vegetationsdecke (mit 22 Textabbildungen). S 88.—

Pruzsinszky S., Über Trocken- und Feuchtluftresistenz des Pollens (mit 12 Abbildungen auf 6 Tafeln). S 63.40

1961 (S I Bd. 170):

Fetzmann Elsalore, Vegetationsstudien im Tanner Moor (Mühlviertel, Oberösterreich) (mit 2 Textabbildungen und 2 Tafeln). S 170—3, S 23.—

Pruzsinszky Siegfried und Url Walter, Ein Beitrag zur Desmidiaceenflora des Lungaues. S 170—1. S 9.—

Rechinger K. H., Dufler H. und Patzak A., Širjaevii fragmenta astragalogica XIII. bis XVII. Teil. S 170—2. S 56.—

1962 (S I Bd. 171):

Niklfeld Harald, Über die Pflanzengesellschaften der Fels- und Mauerspalten Südfrankreichs (mit 1 Textabbildung und 1 Falttabelle). 171—23. S 52.—

Url Walter, Permeabilitätsversuche an Stengelepidermiszellen von Gentiana germanica und Gentiana ciliata (mit 3 Textabbildungen). 171—16. S 40.—

1963 (S I Bd. 172):

Hübl Erich, Über das stomatäre Verhalten von Pflanzen verschiedener Standorte im Alpengebiet und auf Sumpfwiesen der Ebene. Smn 172—2. S 104.—

Kovarik Uta, Zur Permeabilität und Salzresistenz einiger Diatomeen des Salzlachengebietes am Neusiedler See (mit 3 Abbildungen). Smn 172—4. S 52.—

1964 (S I Bd. 173):

Krinzinger Jakob, Zellphysiologische Untersuchungen am Kallusgewebe einiger Laubhölzer (mit 16 Textabbildungen und 4 Tafeln). Smn 173—9. S 94.—

Kuttelwascher Heide, Entwicklungsanatomische und Vitalfärbe-Studien an Luftwurzeln einiger tropischer Orchideen (mit 6 Textabbildungen und 6 Tafeln). Smn 173—34. S 65.—

1965 (S I Bd. 174):

Kusel-Fetzmann Elsalore und Url Walter, Das Schwingrasenmoor am Goggausee und seine Algengesellschaften (mit 2 Textabbildungen und 5 Tafeln). Smn 174—26. S 100.—

GPSR Compliance
The European Union's (EU) General Product Safety Regulation (GPSR) is a set of rules that requires consumer products to be safe and our obligations to ensure this.

If you have any concerns about our products, you can contact us on

ProductSafety@springernature.com

In case Publisher is established outside the EU, the EU authorized representative is:

Springer Nature Customer Service Center GmbH
Europaplatz 3
69115 Heidelberg, Germany

www.ingramcontent.com/pod-product-compliance
Ingram Content Group UK Ltd.
Pitfield, Milton Keynes, MK11 3LW, UK
UKHW021932190726
13853UKWH00002B/990

* 9 7 8 3 6 6 2 2 3 4 1 7 4 *